四时鸟语

「森林里的大学」丛书

主　编　张晓东

副主编　宗　雪

程　伟

吴瑞芳

华中科技大学出版社
http://press.hust.edu.cn
中国·武汉

《四时鸟语》编委会

主　编

张晓东

副主编

宗　雪　程　伟　吴瑞芳

编委（以姓氏笔画为序）

王宜云　李迎霞　李祖元　杨　翔　何晓蓉

张　雄　张宇清　张育萍　彭　冰　彭　晶

戴　立

序言

诗酬岁月，文刻璆琳。文字承载历史，光影定格永恒。书籍，是岁月的留声筒，是留给后代的宝贵财富。

森林学府，碧茵纷披，灵泉流翠滟滟；社稷栋梁，巨木苍蒹，鸿士谈笑亹亹。为充分展现华中科技大学（简称华中大）70余年来的发展变化，记录学校的人文、自然景观，讲好华中大故事、传播华中大声音，我们策划出版了"森林里的大学"丛书，旨在生动展现学校"柱长天以大木，开莽原以上庠"的发展变化，鼓舞广大师生"为华中大的明天团结奋进，为祖国的明天共谱华章"。

学校在新中国的朝阳中诞生，在共和国的旗帜下成长，滋兰树蕙，振铎扬声，留下许多动人瞬间。有关先进模范人物的奋斗故事，在以往出版的书籍中已多有体现，而同样承载着学校发展变迁的校园花鸟、建筑、植物等内容，却鲜少涉及。春抚窗兰、夏听雨莲、秋怜晚杏、冬吹庭雪，岁次庚辰，星驰斗移，对于生活在华中大的人们来说，校园里的一草一木、一砖一瓦皆是一件往事、一段深情，能在不解烦忧的寻常中看到人间温情，方才是真正有爱之人。

"森林里的大学"丛书，将通过图文并茂、生动有趣的编排，内容详实、引人入胜的讲述，让广大师生在漫步校园时，可以信心满满地对校园各处的花鸟、建筑评述一二。物华多感触，一动故园情，广大校友即使离校多年，依然可以从书中唤起对母校的专属回忆与思恋。可以说，这是一套饱含人情味的书，表达了全校师生对学校的深情祝福和对自然的崇高敬意。

经过一年多的酝酿，单行本《四时鸟语》《老照片里的喻园》即将正式与广大读者见面。两本书较为详实地介绍了学校的鸟类和建筑，内容丰富，可读性强，不仅丰富了学校的文献资源，还能涵养健全人格，培养爱校情怀，可谓恰逢其时。在这百花竞放、百鸟争鸣的季节里，让我们与历史同行，与书香为伴，一起仰观宇宙之大，俯察品类之盛……

编者

2024年2月

华中科技大学校园占地 7000 余亩，园内树木葱茏，碧草如茵，环境优雅，景色秀丽，绿化覆盖率达 72%，被誉为"森林式大学"。这里既有年少筑梦的莘莘学子，也有潜心教研的师德标兵，更有埋头苦干的劳模工匠，徜徉在"1037 号森林"里，随处可见他们的感人故事和动人瞬间。而本书所要讲述的，却是人们每天习以为常却忍不住驻足欣赏的森林"原住民"——鸟类。据不完全统计，校内曾目击约 210 种鸟。

鸟是人类的朋友，是翱翔蓝天的精灵，也是与人类关系密切的野生动物之一。它们有着独特的羽翼、优雅的体态、婉转的鸣音，为校园生活增添了诗情画意，赢得了师生由衷的喜爱。漫步在环境优美、生态良好的"森林式大学"里，驻足观鸟的师生随处可见，构成一幅人与自然和谐共生的美好画卷。

为充分展现学校 70 余年来的发展变化，记录学校的人文、自然景观，讲好华中大故事、传播华中大声音，我们策划出版了"森林里的大学"丛书。《四时鸟语》是先期发行的单行本之一，收集了 115 种鸟的精美图片，均在各校区拍摄，作品全部由学校师生、校友提供。编者以征集作品的拍摄时间为准，对校园内可见的鸟类进行了简单的季节划分，并注明了鸟类的基本习性和拍摄地点；还精心制作了校内观鸟地图和观鸟小贴士，方便广大师生、校友和社会各界人士开展观鸟活动。书中还有一些鸟类喂养、觅食、筑巢等的珍贵影像资料，是由学校观鸟爱好者拍摄并剪辑完成的，生动展现了学校的良好自然生态，编者均进行原始收录，以飨读者。

鸟类是校园生态系统不可缺少的重要组成部分，希望这本《四时鸟语》能够帮助人们更好地认识身边的鸟类，在欣赏和赞美的同时，更多一分爱护，更多一分怜惜，并保护好我们共同赖以生存的校园环境，呵护鸟类的栖息地。囿于时间紧迫、专业知识薄弱等问题，本书难免有错误和不当之处，请广大读者予以批评指正。

编者

2024 年 2 月

目录

CONTENTS /

四时鸟语

Birds commonly seen

常见的鸟

巨嘴柳莺

　　巨嘴柳莺，主要活动于灌木及树林中下层，眉纹前黄后白。其栖息于海拔1400m以下的低山丘陵和山脚平原地带，其中尤以700～1100m的混交林较多。此鸟常单独或成对活动，性胆小而机警，主要以昆虫为食，如鞘翅目昆虫、蚂蚁、草籽及果实。

寇阳波　9月　摄于喻家山

杨一平　5月　摄于逸夫科技楼

灰卷尾

　　灰卷尾，可见于喻家山。其脸颊部具白色块斑，尾羽细长而分叉深，常于树冠层活动。

魏署光　9月　摄于喻家山

寇阳波　6月　摄于喻家山

夜鹭

　　夜鹭栖息于临近水域的阔叶树林、平原、丘陵地带的农田、沼泽、池塘附近的大树、竹林中，白天常隐蔽在沼泽、灌丛或林间，晨昏和夜间活动，夜间捕食时，一般静静地站在水边偷袭猎物。白天它们在树上或灌木丛中休息，一般缩颈长期站立一处不动，或梳理羽毛和在枝间走动，有时亦单腿站立，身体呈驼背状。如无干扰或未受到威胁，一般不离开隐居地。常常待人走至跟前时才突然从树叶丛中冲出，边飞边鸣，鸣声单调而粗犷。

　　夜鹭主要取食蛙类、小鱼、节肢动物、水生昆虫等，偶尔吃一些植物性食物。

秦敬　4月　摄于青年园(夜鹭成鸟和

周敬利　9月　摄于东九湖（夜鹭亚成鸟）

陈凯舟　8月　摄于喻家湖（夜鹭亚成鸟）

白胸苦恶鸟

　　此鸟栖息于长有芦苇或杂草的沼泽地和有灌木的高草丛、竹丛、水稻田、甘蔗田中，以及河流、湖泊、灌渠和池塘边，也生活在人类住地附近，如林边、池塘或公园。

　　此鸟为杂食性鸟类。动物性食物主要有昆虫（甲虫、蚱蜢等）及其幼虫，如龙虱幼虫、鞘翅目成虫、螟蛾及其幼虫、蚂蚁，以及蠕虫、鲎虫、蜗牛、螺、鼠、蜘蛛、小鱼等；亦吃草籽和水生植物的嫩茎和根。植物性食物有苕子种子、野荸荠籽、稗、瓜子、谷、大麦、小麦和芦苇茎。

秦敬　4月　摄于湖溪河

八哥

八哥，校内可见，通体黑色，头部靠近嘴基有一撮黑毛，嘴与足均为黄色。

刘梓轩　7月　摄于国家脉冲强磁场科学中心

白颊噪鹛

　　白颊噪鹛，全年校内可见，常见于东九湖边农田与灌木丛中，喜欢集群活动，频繁在树枝间跳跃，常在枝头鸣叫，声音响亮、急促。

于露　4月　摄于东九湖

魏署光　2月　摄于东九湖

白鹡鸰(jí líng)

扫码观看"荷塘中的白鹡鸰"

罗建敏 摄

白鹡鸰，通体黑白相间，秋冬可见于喻家湖、青年园。

周敬利 2月 摄于喻家湖

斑姬啄木鸟

　　斑姬啄木鸟可见于青年园、喻家山。它是较小的一种啄木鸟，比麻雀还小，体长只有10cm左右，但是它啄木的声音却一点也不小。

程伟　4月　摄于喻家山

红隼(sǔn)

红隼，全年可见，多见于秋冬季节，在校内可见于喻家山凤飞台、湖溪河畔。其为小型猛禽，眼睛下面有一条垂直向下的黑色纹。

于露　9月　摄于喻家山

松鸦

松鸦，全年可见，常出现于喻家山，于树冠处活动，具有浓密的黑色髭纹。叫声多变，常发出干涩的"scaaaaak"叫声。

寇阳波　9月　摄于喻家山

白腰文鸟

　　白腰文鸟，头部黑色带白花，腰、腹部近于白色，雄鸟叫声尖而长，雌鸟叫声短促。食物多为草籽、稻谷等，可以在人类居住较多的地方栖息，有的也把窝建在房上。

秦敬　9月　摄于湖溪河

扫码观看"文鸟
觅食"

秦敬 摄

张若愚　2月　摄于喻家山

魏署光　2月　摄于湖溪河

扫码观看"白鹭抓鱼"

秦敬 摄

白鹭

　　白鹭，常见于喻家湖，腿、嘴、跗跖黑色，在湖泊、泥塘水浅部分活动，捕捉小鱼虾。白鹭、大白鹭与中白鹭相比，脚趾为黄绿色。

魏署光　2月　摄于东九湖（白鹭与池鹭）

扫码观看"鱼儿逃
不脱白鹭钳子般的
长嘴"

罗建敏 摄

罗建敏　10月　摄于喻家湖

扫码观看"白鹭优雅飞翔"

罗建敏 摄

程伟 4月 摄于喻家湖

小鸊鷉（pì tī）

　　小鸊鷉，全年可见于东九湖，冬羽褐色，夏羽红黑色，喜食鱼。

赵子梦　3月　摄于东九湖

星头啄木鸟

星头啄木鸟，一种体型较小的啄木鸟，是校内的"常住居民"，一年四季均能见到，图中它正在绕着梧桐树寻找虫子。

石奇霖　2月　摄于西九舍

白头鹎(bēi)

　　白头鹎在学校各处可见。白头鹎的俗名为白头翁，头后部的羽毛越白就表明它的年龄越大。

扫码观看"白头鹎
成群飞来吃柿子"

周敬利 摄

程伟　3月　摄于西一区

纯色山鹪(jiāo)莺

　　纯色山鹪莺，又叫褐头鹪莺，主要以昆虫为食。它的叫声清脆而急促——啾啾，多见于东九楼旁。

钱向群　8月　摄于喻家湖

魏署光　8月　摄于东九湖

钱向群　8月　摄于喻家湖

黑脸噪鹛

黑脸噪鹛，华中地区代表性鸟种，性格活泼，爱热闹，喜鸣叫。

张若愚　3月　摄于外国语学院

张若愚　4月　摄于图书馆

红嘴蓝鹊

　　此鸟体羽漂亮，嘴、虹膜呈红色，头和胸为黑色，头顶至后颈为白色，尾呈楔形，尾羽紫色，具白色次端斑，脚为红色，以吃蜘蛛、蛙、蛇、植物果实与种子为生。它比较凶猛，所到之处（图中为柿子树）的其他小鸟会飞得无影无踪。

　　谢世辉　7月　摄于西边高层小区

扫码观看"红嘴蓝
鹊闹柿林"

秦敬 摄

王泽昊 6月 摄于西九舍

扫码观看"红嘴蓝鹊和灰喜鹊在柿子树上跳跃"

周敬利 摄

魏玲 11月 摄于西边高层小区

魏玲 10月 摄于西边高层小区

灰喜鹊

　　灰喜鹊，校园内各处一年四季可见，常于同济医学院附属幼儿园旁的银杏树上活动。其外形酷似喜鹊，但稍小，体长33～40cm，喜成群活动，叫声粗哑。

沈丽丽　10月　摄于同济医学院附属幼儿园

魏署光　10月　摄于醉晚亭

于露　11月　摄于东九楼

普通鸬鹚(lú cí)

　　普通鸬鹚是大型水鸟，通体黑色，头颈具紫绿色光泽，两肩和翅具青铜色光彩，嘴角和喉囊呈黄绿色，眼后下方为白色。其常栖息于水边岩石、河流、湖泊、池塘、水库及沼泽地带，常成小群活动，主要通过潜水捕食，以各种鱼类为食。

程伟　12月　摄于喻家湖

秦敬　10月　摄于喻家湖

麻雀

　　麻雀不仅是校园里常见的鸟类之一，也是全国较为常见的鸟类。俗话说：麻雀虽小，五脏俱全。麻雀有多小呢？体长只有12～15cm。

程伟　3月　摄于青年园

张若愚　3月　摄于青年园

鹊鸲(què qú)

雄鸟的头、背呈蓝黑色，腹部为白色；雌鸟和雄鸟相似，但头、背为暗灰色。鹊鸲以昆虫为食，也吃草籽和野果。其在校园内随处可见。

扫码观看"鹊鸲哺育鹰鹃"

闵艺华 摄

陈凯舟　1月　摄于青年园

扫码观看"鹊鸲育雏"

闵艺华 摄

周敬利 12月 摄于青年园

　　鹊鸲也是鸟类歌唱家，尤其春天求偶繁
殖季叫声清脆悦耳，婉转多变，往往未见其
鸟，已闻其声。因为黑白的颜色和外形，有
人经常把它和喜鹊弄混淆，其实喜鹊比它大
很多。

赵子梦　3月　摄于青年园

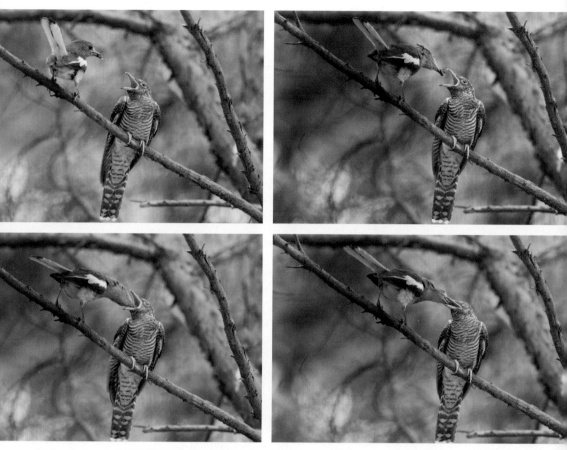

罗建敏　6月　摄于青年园(鹊鸲作为义亲喂养大杜鹃幼鸟)

扫码观看"鹊鸲喂养大杜鹃雏鸟"

罗建敏 摄

于露　7月　摄于青年园

扫码观看"斑鸠和
山雀吃果实"

秦敬 摄

山斑鸠

　　山斑鸠，体长30～33cm，头颈及上体呈褐色，广泛分布
在校园内。山斑鸠的脖子上有黑白色条纹的块状斑，而珠颈
斑鸠是点状斑。

周敬利　3月　摄于青年园

于露　4月　摄于启明学院附近

程伟　4月　摄于附属小学

葛松　2月　摄于东校区

乌鸫(dōng)

乌鸫，常年栖息在校园内。与其他春季才"唱歌"的鸟儿不同，乌鸫在冬季便一展歌喉，它的叫声悠扬婉转，是深藏不露的"口技表演家"，春天时更是会模仿各种鸟叫声，为校园带来一丝丝欢快。

扫码观看"乌鸫育雏"

周敬利 摄

陈凯舟 1月 摄于青年园

程伟　6月　摄于西一区

张莉　7月　摄于西一区

于露　7月　摄于东十二楼

马乐尧　4月　摄于同济医学院广场

喜鹊

喜鹊，全年可见，活动于校内各地。其全身深黑，嘴和脚为黑色，腹部及翼下皆呈白色，翼上为暗蓝色，在阳光下特定角度看光泽艳丽。

于露　11月　摄于东九楼

于露　11月　摄于东九楼

马乐尧　5月　摄于喻家山

大山雀

　　大山雀，体型比麻雀小，喜群居，以昆虫、浆果、种子为食，常见于青年园、喻家山等处。

周敬利　10月　摄于喻家山

扫码观看"大山雀洗澡"

周敬利 摄

赵子梦　3月　摄于青年园

寇阳波　5月　摄于喻家山

珠颈斑鸠

　　此鸟每年初春季节常出现在校内各处草坪或树枝上，飞行似鸽，常滑翔，警惕性甚高。其颈部有黑白色的珠花图案，脚为红色，发出"咕咕"的叫声。

徐溪　7月　摄于同济医学院广场

于露　8月　摄于湖溪河

棕背伯劳

　　棕背伯劳属于中型鸣禽，栖息于低山丘陵和山脚平原地带，夏季可上到海拔2000m左右的中山次生阔叶林和混交林的林缘地带。它主要以昆虫等动物性食物为食。

李程钰　9月　摄于东九湖

秦敬　9月　摄于青年园

丝光椋(liáng)鸟

此鸟体色为灰，头部有白色的丝状羽毛，胸腹为淡褐色，体长约24cm，喜群居，常以昆虫、植物果实为食。

丝光椋鸟在校园多地可见。

罗建敏　7月　摄于喻家湖

钱芳　7月　摄于同济医学院

扫码观看"白头鹎
及椋鸟啄食柿子"

秦敬 摄

周敬利　5月　摄于西边高层小区

张若愚　2月　摄于南一楼

灰头绿啄木鸟

灰头绿啄木鸟，全年校内可见，常单个或成对出现，于青年园树干处啄木，偶尔下至地面，最常听见的叫声为高音调的尖锐"pik"声。

寇阳波　9月　摄于青年园

戴胜

戴胜常栖息于山地、平原、森林、河谷、农田、草地、村屯和果园等开阔地方，尤其以林缘耕地生境较为常见。其以虫类为食，在树上的洞内做窝，性活泼，喜开阔潮湿地面，会用长长的嘴在地面翻动寻找食物。遇有状况时，它的冠羽会立起，起飞后则松下来。每年繁殖季，它会选择在天然树洞和啄木鸟凿空的蛀树孔里营巢产卵，有时也建窝在岩石缝隙、堤岸洼坑、断墙残垣的窟窿中。

周敬利　6月　摄于青年园

罗建敏　7月　摄于青年园

周敬利　6月　摄于青年园

戴胜头顶五彩花冠，嘴细长且向下弯曲，身上有橙、黑、白相间的纹路，是一种很好看的鸟，以各种虫子为食，是农林益鸟。它因天性机警、品格忠贞，被许多民族视为吉祥鸟。

秦敬 10月 摄于青年园

扫码观看"戴胜寻找食物"

秦敬 摄

红喉歌鸲

　　红喉歌鸲是地栖性迁徙候鸟，常藏于森林密丛及次生植被中，一般在近溪流处跳跃，或在附近地面奔驰。其善鸣叫，善模仿，鸣声多韵而婉转，十分悦耳。

　　它与蓝喉歌鸲、蓝歌鸲一起，被称为"歌鸲三姐妹"。

杨一平　5月　摄于引力中心

红喉歌鸲,又名红点颏
(ké)。其多在地面或灌丛中觅
食,主要以昆虫为食,如蝗虫、
蟑象及蚁类等,也吃少量野果及
杂草种子。

杨志锋　10月　摄于东九湖

普通翠鸟

　　普通翠鸟体羽艳丽，在校园水塘中可经常看到，以鱼、泥鳅等为食。每年毕业季的时候，这些精灵们在荷花与栏杆上腾跃、鸣叫，仿佛在祝同学们振翅远翔。

扫码观看"荷园小翠"

秦敬 摄

张若愚　6月　摄于青年园

张若愚　6月　摄于青年园

魏署光　7月　摄于青年园

映晖　7月　摄于青年园

周敬利　9月　摄于青年园

陈凯舟　8月　摄于喻家湖

橙头地鸫

　　橙头地鸫主要栖息于低山丘陵和山脚地带的森林中，尤喜茂密的常绿阔叶林，也栖息于次生林、竹林、林缘和农田地边的小林子中。其主要吃甲虫、竹节虫等昆虫，也吃植物果实和种子。

杨志锋　10月　摄于喻家山

绿背姬鹟（wēng）

　　绿背姬鹟常成对活动，在树冠层下易见，主要以昆虫和昆虫幼虫为食，可捕食飞行中的昆虫。在春秋迁徙季，武汉可见此鸟，在喻家山上有机会看到。

杨志锋 10月 摄于喻家山

红胁蓝尾鸲

　　红胁蓝尾鸲，是雀形目鸫科鸲属鸟类，具有橘黄色两胁、白色腹部，雄鸟上体为蓝色，雌鸟则为褐色而尾部是蓝色。此鸟在青年园、喻家山等处的次生林中均可见。它喜欢在林间或灌木丛中不停地跳跃，以昆虫为主要食物，也吃一些植物果实。

周敬利　10月　摄于喻家山

石奇霖　2月　摄于青年园

魏署光　11月　摄于喻家山

周敬利　10月　摄于喻家山

金翅雀

　　金翅雀全身为黄褐色，腰为金黄色，翅膀处有一块大的金黄色斑块，常成对行动，主要以植物果实、种子等为食。在南三门种植大片向日葵时，它们曾成群来过，多见于东九湖畔油菜花田、湖溪河畔及喻家山等地。

于露　11月　摄于喻家山

魏署光　7月　摄于南三门

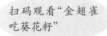
扫码观看"金翅雀吃葵花籽"

周敬利 摄

周敬利　8月　摄于南三门

罗建敏　6月　摄于南三门

黑鸦(jiān)

黑鸦背部为黑色，其余地方呈黄褐色，又叫乌鹭，在青年园可见。繁殖季时，它会飞落到青年园荷塘内觅食。

周敬利　9月　摄于青年园

周敬利　9月　摄于青年园

朱亚光　7月　摄于青年园

池鹭

　　池鹭常单独活动，每年7月能在青年园荷塘内看到它，在东九湖、南一楼湖边也偶见。在夏季，池鹭头上会长出繁殖羽，头和颈部变成红褐色。

周敬利　7月　摄于青年园

朱亚光　7月　摄于青年园

朱亚光　7月　摄于青年园

魏署光　2月　摄于湖溪河

黄腹山雀

　　黄腹山雀腹部的黄色很显眼，在喻家山、青年园、喻家湖边树林中都很常见。黄腹山雀是中国特有的鸟类。

程伟　3月　摄于喻家山

于露　11月　摄于喻家山

陈凯舟　3月　摄于喻家山

程伟　4月　摄于喻家湖

栗背短脚鹎

　　栗背短脚鹎，体长20cm左右，背部为栗褐色，叫声高亮，性格活泼，发型"帅气"。

魏署光　12月　摄于喻家山

张若愚 2月 摄于喻家山

Spring

春

大斑啄木鸟

大斑啄木鸟可见于喻家山、东九湖附近的树林中，是较常见的一种啄木鸟。

程伟　3月　摄于东九湖

黄胸鹀

　　黄胸鹀，国家一级重点保护野生动物，2023年4月底在校内首次发现。在湖溪河畔的油菜花田中，有人首次记录到一只雄性黄胸鹀混群于栗鹀中，随后几日又记录到两只雌性黄胸鹀在附近类似生境中活动。

于露　4月　摄于湖溪河

黑尾蜡嘴雀

黑尾蜡嘴雀，鸣声大且洪亮，婉转好听，见于青年园、喻家山、东九湖附近，黄色且硕大的嘴是它的显著特征。

陈凯舟　2月　摄于喻家山

程伟　3月　摄于青年园

树鹨(liù)

　　树鹨，常见于春季，活动在湖溪河畔等草地及树林中，有粗且明显的白色眉纹，喉及两肋呈皮黄色。

于露　3月　摄于湖溪河

紫啸鸫

紫啸鸫常见于喻家山脚的楼栋附近。它比常见的乌鸫大，身上的羽毛呈深紫蓝色，有白色斑点。

程伟　4月　摄于喻家山

宝兴歌鸫

此鸟雌雄相似，胸部有明显黑斑，以各类昆虫为食，有时可在校园内看到。

周敬利　2月　摄于青年园

凤头䴙䴘

凤头䴙䴘，常见于喻家湖。与小䴙䴘不同，它喜欢宽阔的水面。凤头䴙䴘是体型最大的一种䴙䴘。

程伟　2月　摄于喻家湖

红脚隼

　　红脚隼主要栖息于低山稀疏树林及边缘、山脚平原、丘陵地区的沼泽、草地、河流、山谷和农田耕地等开阔地区，主要吃蝗虫、蚱蜢、蝼蛄、螽斯、金龟子、蟋蟀、叩头虫等昆虫，有时也捕食鸟类、蛙类、鼠类等小型脊椎动物。

　　春秋季迁徙时，此鸟会路过武汉，在喻家山凤飞台能看到。

杨志锋　4月　摄于喻家山

绿翅短脚鹎

　　绿翅短脚鹎，额至头顶、枕呈栗褐或棕褐色，羽形尖，先端具明显的白色羽轴纹，到头顶后部白色羽轴纹逐渐不显和消失，颈呈浅栗褐色，尾、两翅覆羽呈橄榄绿色，飞羽为暗褐或黑褐色。每年早樱盛开的时候，它会出现在校园里，常进行小群体活动，动作敏捷，在樱花丛中上下跳跃、飞翔，啄食樱花并同时发出喧闹的叫声。其鸣声清脆多变而婉转，声似"spi-spi"。

王维焱　3月　摄于基础医学院

王维焱 3月 摄于基础医学院

王维焱　3月　摄于基础医学院

红喉姬鹟

　　红喉姬鹟，每年4、5月会途经学校，能够在青年园内见到。处于繁殖期的雄鸟拥有橙红色的喉部，这是它的特点。

石奇霖　4月　摄于青年园

灰背鸫

　　灰背鸫，中型鸟类，上体为石板灰色，两肋与翅下覆羽为橙栗色，具黑色斑点，叫声悦耳优美，喜在林地腐叶间跳动，惧生。

张若愚　2月　摄于西十二楼

北红尾鸲

    北红尾鸲为雀形目鸲亚科红尾鸲属的一种鸟，以拥有白色倒三角的翼斑区分于其他红尾鸲。其后颈至上背为灰或深灰色，下背为黑色，其余为棕橙色，主要以昆虫为食。

石奇霖　3月　摄于青年园

棕头鸦雀

　　棕头鸦雀体型娇小可爱，动作迅捷，常常集体出没于灌木与杂草丛中。

张若愚　2月　摄于东九湖畔

张若愚 2月 摄于东九湖畔

张若愚　2月　摄于东九湖畔

张若愚　2月　摄于东九湖畔

游隼

　　游隼的栖息地很广泛，包括山地、丘陵、荒漠、海岸、草原、沼泽与湖泊沿岸地带等，也会到开阔的农田活动。游隼主要在飞行中捕食各种鸟类以及大型昆虫，捕食时俯冲速度可达每秒百米。迁徙季时，在武汉能偶尔见到它，喻家山上可见。其被列为国家二级重点保护野生动物。

杨志锋　4月　摄于喻家山

小灰山椒鸟

　　小灰山椒鸟，每年4至6月偶现于校园，喜在高大的树木上停歇，头顶和腹部洁白，有黑色的贯眼纹。

赵子梦　4月　摄于喻家山

反嘴鹬(yù)

反嘴鹬，每年可偶见于喻家湖、东九湖。其拥有别具一格的上翘嘴型，使人过目不忘，反嘴鹬也因此而得名。

程伟　2月　摄于东九湖

白腹鸫

　　白腹鸫，每年11月至次年4月出现在校园里，常见于喻家山。其常活动于林地和灌木丛中。

寇阳波　4月　摄于喻家山

棕腹啄木鸟

　　棕腹啄木鸟，校园内可见，常在青年园的高大乔木上活动，腹部为棕红色，尾下覆羽呈红色，翅膀上有黑白相间的条纹。

赵子梦　3月　摄于青年园

张若愚　3月 摄于图书馆

白腰草鹬

　　白腰草鹬，鸻（héng）形目鹬科鹬属鸟类，拥有一个尖而长的细嘴，能够在浅水滩处寻找食物，校园内可见。

石奇霖　3月　摄于湖溪河

黑眉柳莺

　　黑眉柳莺，具有明显的黑色眉纹，下体鲜黄色，鸣声清脆响亮。此鸟在校园内可见，常见于喻家山。

寇阳波　4月　摄于喻家山

Summer

夏

黑短脚鹎

黑短脚鹎，常见于喻家山。其大多为白头型，性情喧闹，常集群从山林上空掠过。

寇阳波　5月　摄于喻家山

鹰鹃

　　鹰鹃喜开阔林地，夏日隐藏于树木叶间鸣叫，白天和夜晚均可听到，冬天到平原地带栖息。其以昆虫及其幼虫为食，繁殖期为4到7月，将卵产在喜鹊等鸟类的巢穴中。

　　此鸟常单独活动，多隐藏于树顶部的枝叶间鸣叫，或穿梭于树干间，由一棵树飞到另一棵树上。飞行时，它先快速拍翅飞翔，然后滑翔，姿式甚像雀鹰。

扫码观看"鹰鹃在青年园觅食"

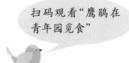

秦敬 摄

石奇霖　6月　摄于大学生活动中心

暗灰鹃鵙(jú)

暗灰鹃鵙，每年6到8月偶现于青年园的高大乔木上，身体以灰色为主，翅膀为深灰色，眼睛呈红色。

赵子梦　5月　摄于青年园

虎纹伯劳

　　虎纹伯劳一般栖息于树林中，分布自平原到丘陵、山地，喜栖于疏林边缘，巢址选在带荆棘的灌木中及洋槐等阔叶树上。其性格凶猛，常停栖在固定场所，寻觅和抓捕猎物。它的主要食物是昆虫，特别是蝗虫、蟋蟀、蝴蝶和飞蛾，也吃小鸟和蜥蜴。

秦敬　5月　摄于青年园

鸲姬鹟

鸲姬鹟，喻家山可见。其喉、胸及腹侧为橘黄色。

于露　5月　摄于喻家山

寿带

寿带主要栖息于低山丘陵和山脚平原地带的阔叶林和次生阔叶林中，也出没于林缘疏林中，尤其喜欢沟谷和溪流附近的阔叶林。

其主要以昆虫和昆虫幼虫为食，所吃食物种类主要有金龟甲、剑蛇、蝉、粉蝶、蝗虫、螽斯等昆虫，也会吃很少量的植物种子。

秦敬　5月　摄于青年园

四声杜鹃

　　每年4月到7月，当听到响彻天空的"割—麦—割—谷""豌—豆—包——谷—"四个音节反复地叫唱，那就是四声杜鹃。而当你顺着这个声音去寻找它的时候，却往往要找老半天。

程伟　5月　摄于青年园

家燕

　　家燕常栖息于人类居住的环境中，如房顶、电线等人工建筑物上。家燕常成群栖息，低声、细碎地鸣叫，善飞行，白天大部分时间在栖息地附近飞行，喜在飞行中捕食，不善啄食。家燕主要以昆虫为食，包括蚊、蝇、虻、蛾、叶蝉、象甲等，在武汉本地城区和农村可见其繁殖。

杨志锋　7月　摄于喻家山

金腰燕

　　一群金腰燕在湖溪河旁忙忙碌碌，衔泥筑巢，可谓"春燕衔泥筑爱巢，呕心沥血不畏劳"。

扫码观看"金腰燕衔泥做窝"

闵艺华 摄

罗健　5月　摄于湖溪河

白喉矶鸫

　　白喉矶鸫，每年迁徙时过境武汉，于青年园、喻家山等林中活动，常长时间静立不动。

于露　5月　摄于青年园

东亚石䳭(jí)

东亚石䳭,活跃于东九湖畔油菜花田及禾本科植物附近。

于露　5月　摄于东九湖

灰胸竹鸡

　　灰胸竹鸡，因其胸部为灰色而得名，是雉科竹鸡属的鸟类，在东九湖旁、喻家山脚下均有可能遇见。雄鸟叫声十分有特点，酷似"聚宝盆"，常鸣叫数十次直到筋疲力尽为止。

石奇霖　5月　摄于喻家山

乌灰鸫

乌灰鸫，背部为灰色，体长约20cm，腹部有黑斑点，喜欢稠密的植物及林子，胆小，喜欢独处，常在夏季出现，曾在同济医学院广场某树上见其幼鸟。其叫声比乌鸫婉转多变，经常在灌木中、草地上觅食。

扫码观看"乌灰鸫喂养小鸟"

周敬利 摄

罗建敏　7月　摄于青年园

马乐尧　5月　摄于同济医学院广场

红头长尾山雀

　　红头长尾山雀，俗名为"小老虎"，体型小，天性活泼，每年都能在校园内看到它们结小群在喻家山、东九湖、青年园林间活动。

朱亚光　7月　摄于青年园

扫码观看"红头长尾山雀找虫子"

秦敬 摄

白眉姬鹟

　　白眉姬鹟，主要栖息于低山丘陵和山脚地带的乔木林中，尤其是河谷与林地边缘有老树的稀疏林中，也出没于次生林和人工林内，迁徙期间有时在居民点附近的小树林和果园中出现。雄鸟胸腹部为明黄色，鲜艳夺目，因此被人称为"咸蛋黄"。其主要吃天牛、叩头虫、瓢虫、象甲、金花虫等昆虫。雏鸟几乎都以昆虫的幼虫为食，育雏期亲鸟会很忙碌地捉虫喂幼鸟。它的叫声很有特色，春夏季在喻家山和青年园可见。

杨志锋　6月　摄于喻家山

张若愚　5月　摄于喻家山

杨志锋　6月　摄于喻家山

灰纹鹟

    灰纹鹟栖息于中低海拔的山地阔叶混交林、针叶林中，平时不太容易见到，常单独或成对活动在树冠层中下部枝叶间，在树冠之间飞来飞去或停栖在侧枝上，在空中捕食飞来的昆虫，主要以昆虫和昆虫幼虫为食。完成捕捉行动后，它往往飞回同一枝条上。此鸟在喻家山可见。

杨志锋　5月　摄于喻家山

金眶鸻

　　金眶鸻，栖息于开阔平原和低山丘陵地带的湖泊、河流岸边以及附近的沼泽、草地和农田地带，也出现于海滨、河口沙洲。其以昆虫为主食，兼食植物种子。春夏季，喻家湖如果水浅，可以看到此鸟。

秦敬　7月　摄于喻家湖

黑卷尾

黑卷尾平时栖息在山麓或沿溪的树顶上，或在竖立于田野间的电线杆上。

黑卷尾全身乌黑，尾羽分叉，飞行姿态优美，能于空中捕食昆虫，类似家燕一般敏捷地在空中滑翔翻腾。其主要以昆虫为食，如蜻蜓、蝗虫、胡蜂、金花虫、瓢虫、蝉、蟪象等。其常在东九湖周边农田及灌木丛中活动。

秦敬　7月　摄于东九湖

于露 6月 摄于东九湖

扫码观看"黑卷尾追逐蝴蝶"

秦敬 摄

黑翅长脚鹬

黑翅长脚鹬，整体高挑修长，嘴、两翼为黑色，腿呈红色，体羽为白色，喜沿海浅水及淡水沼泽地。

扫码观看"黑翅长脚鹬觅食"

周敬利 摄

罗建敏　7月　摄于喻家湖

罗建敏　7月　摄于喻家湖

扫码观看"黑翅长脚鹬成双成对觅食休闲"

罗建敏 摄

扫码观看"黑翅长脚鹬洗澡"

周敬利 摄

灰鹡鸰

灰鹡鸰主要栖息于溪流、河谷、湖泊、沼泽等水域岸边或水域附近的草地、农田、住宅和林区居民点，尤其喜欢在山区河流岸边和道路上活动，也出现在林中溪流和城市公园中。

它主要以昆虫为食。其中雏鸟主要以石蛾、石蝇等水生昆虫为食，也吃少量鞘翅目昆虫。成鸟主要以蝇、蚂蚁、蝗虫、蝼蛄、蚱蜢、蜂、蜻象等昆虫为食。它多在水边行走或跑步捕食，有时也在空中捕食。

扫码观看"灰鹡鸰捕食昆虫"

秦敬 摄

秦敬 5月 摄于青年园

乌鹟

　　乌鹟，眼圈为白色，通常具白色的半颈环，于树枝间来回飞翔捕食，常见于青年园和喻家山。

寇阳波　7月　摄于青年园

Autumn

秋

白腹蓝鹟

　　白腹蓝鹟，每年9到11月出现在校园里，常见于喻家山和青年园。雄性成鸟具有闪亮的蓝色背部和白色腹部，而雄性幼鸟仅翅膀为蓝色。

寇阳波　10月　摄于喻家山

噪鹃

　　噪鹃栖息于低海拔的山地、丘陵、山脚平原地带林木繁茂处，也常出现在城镇、村寨和耕地附近的高大树上，多单独活动，常隐蔽于大树顶层茂盛的枝叶丛中，春夏繁殖季常大声连续叫唤，一般只闻其声而不见其影。噪鹃繁殖是巢寄生方式，它将卵产到其他鸟类的巢中，幼鸟由义亲养大。

　　噪鹃在春夏繁殖季武汉常见，被列入国家"三有"野生保护动物名录。

杨志锋　9月　摄于青年园

黄嘴栗啄木鸟

黄嘴栗啄木鸟不太容易见到，主要栖息于中低海拔的山地常绿阔叶林中，冬季也常到平原和林缘地带活动和觅食。它一般在树中上层栖住和觅食，有时也到地上和倒伏的树木上觅食蚂蚁，主要以昆虫为食，也吃蠕虫和其他小型无脊椎动物。其叫声响亮，传得很远，被列入国家"三有"野生保护动物名录。

杨志锋　9月　摄于喻家山

发冠卷尾

　　发冠卷尾栖息于低山丘陵和山脚沟谷地带，多在常绿阔叶林、次生林或人工松林中活动，常单独或成对活动，很少成群。其主要在树冠层活动和觅食，以金龟甲、金花虫、蝗虫、蚱蜢、竹节虫、椿象、瓢虫、蚂蚁、蜂、蜻蜓、蝉等各种昆虫为食。它是迁徙鸟，在武汉春夏季有繁殖，喻家山可见。

杨志锋　10月　摄于喻家山

黄眉柳莺

　　黄眉柳莺，栖息于高原、山地和平原地带的森林中，包括针叶林、针阔混交林、柳树丛和林缘灌丛，以及果园、田野、村落、庭院等。其主要以昆虫为食，未见飞捕，所食均为树上枝叶间的小虫，校园内多处可见。

秦敬　10月　摄于青年园

欧柳莺

　　欧柳莺，莺科柳莺属动物，捕食空中或树叶上的昆虫。冬天，北方昆虫较少，欧柳莺就向南飞至非洲。虽然体长只有10cm，但它却能从北欧和西伯利亚飞往越冬地非洲。2023年10月，杨一平在喻家山上发现该鸟。据武汉观鸟协会确认，这是武汉市第一次观察到这种鸟。

杨一平　10月　摄于喻家山

黄斑苇鳽

　　黄斑苇鳽，又名黄苇鳽，栖息于既有开阔明水面又有大片芦苇和蒲草等挺水植物的中小型湖泊、水库、水塘和沼泽中。其天性机警，遇干扰时会立即不动，向上伸长头颈观望，常单独或成对活动，沿沼泽地、芦苇塘飞翔或在水边浅水处慢步涉水觅食。它以小鱼、虾、蛙、水生昆虫等动物性食物为食，被列入国家"三有"野生保护动物名录。其在东九湖可偶见。

杨志锋　9月　摄于东九湖

白眉地鸫

　　白眉地鸫栖息于林下植被茂密的乔木林中，尤其喜欢在河流等水域附近的森林，迁徙时也出入于林缘、道旁、农田地边和村庄附近林地，常单独或成对活动，迁徙期也可成小群活动。其经常在地上活动和觅食，善于在地上行走和奔跑，主要以金龟子、步行虫、叩头虫等昆虫和昆虫幼虫为食，也吃蠕虫等小型无脊椎动物和忍冬等少量植物果实与种子。

　　此鸟武汉本地不常见，秋季在喻家山可见，被列入国家"三有"野生保护动物名录。

杨志锋　9月　摄于喻家山

双斑绿柳莺

　　双斑绿柳莺，每年9、10月出现在校园，常见于喻家山和青年园，具延伸至上嘴基的白色长眉纹，鸣唱声是一连串快速的颤音和吱喳声。

寇阳波　10月　摄于喻家山

北灰鹟

北灰鹟，每年9到11月可见于校园，常在低矮枝头活动，身型小巧，羽毛以褐色为主。

赵子梦　9月　摄于青年园

松雀鹰

松雀鹰主要栖息于密林以及开阔的林缘地带，冬季常在河谷地带、低山丘陵、草地和果园出没，常单独或成对活动觅食。它常站在高大枯枝上，袭击捕食过往小鸟，主要以各种小鸟为食，也吃蜥蜴、蝗虫、蚱蜢、甲虫及其他昆虫，有时也捕杀小鼠、鹌鹑和鸠鸽类，被列入国家重点保护野生动物二级名录。

杨志锋　10月　摄于喻家山

普通鵟(kuáng)

　　普通鵟主要栖息于中低海拔的山地森林和林缘地带，单独或成小群活动。其生性好斗，视力敏锐，常在空中盘旋，主要捕食森林鼠类，也吃蛙、蜥蜴、蛇、野兔、小鸟和大型昆虫等动物性食物。春秋迁徙季，普通鵟在武汉易见，其被列入国家重点保护野生动物二级名录。

杨志锋　10月　摄于喻家山

白眉鸫

　　白眉鸫，具显著白色眉纹，通常活动于地面植被中和树林中间层。此鸟9到11月出现在校园内，常见于喻家山。

寇阳波　9月　摄于喻家山

燕隼

　　燕隼栖息于有树林的开阔平原、耕地、海岸、疏林和林缘地带，以及村庄附近，一般不到密林和无树林的荒原中，白天活动，傍晚捕食次数较多。其主要以麻雀、山雀等小鸟为食，偶尔捕捉蝙蝠，更多捕食蜻蜓、蟋蟀、蝗虫、天牛、金龟子等昆虫，甚至能在飞行中捕食家燕、雨燕等。春秋迁徙季，此鸟在武汉易见，被列入国家重点保护野生动物二级名录。

杨志锋　10月　摄于喻家山

灰翅浮鸥

　　灰翅浮鸥，又名须浮鸥，翅膀呈灰色或深灰色，脚为红色，栖息于水生植物多的水域中，杂食。此鸟偶见于喻家湖。

周敬利　9月　摄于喻家湖

乌雕

　　乌雕栖息于低山丘陵和开阔平原地区的森林中，特别是河流、湖泊和沼泽地带的森林，也出现在水域附近的平原草地和林缘地带，迁徙时栖于开阔地区。其主要吃野兔、鼠类、蛙、蜥蜴、鱼和鸟类等，有时也吃动物尸体和大的昆虫，迁徙季武汉偶见。其被列入国家重点保护野生动物一级名录。

杨志锋　10月　摄于喻家山

暗绿绣眼鸟

　　暗绿绣眼鸟与柳莺、山雀等混群，穿梭于树冠之间，头顶和背上呈黄色和绿色，眼周有一圈白色绒状短羽，叫声清脆动人。约秋冬季节在喻家山上可以见到。

寇阳波　10月　摄于喻家山

寇阳波　10月　摄于喻家山

寇阳波　10月　摄于喻家山

寇阳波　10月　摄于喻家山

红脚苦恶鸟

　　红脚苦恶鸟栖息于平原和低山丘陵地带的芦苇或杂草丛中，以及河流、湖泊、溪渠、绿化林边、池塘或公园等地的水草中，还有水稻田、麦田中。其食物较杂，动物性食物有昆虫（甲虫、蚱蜢等）及其幼虫、蜗牛、螺、鼠、蠕虫、蜘蛛、小鱼等，也吃草籽和水生植物的嫩茎和根。此鸟在武汉较易见到。

杨志锋　8月　摄于湖溪河

大杜鹃

　　大杜鹃，腹部常有黑色波纹，身长十几厘米，是一种益鸟，可在校园的树林看到。它自己不筑巢，将蛋下到别的鸟巢中，由该鸟巢的成鸟孵化喂养。在青年园林间，亚成大杜鹃在树枝间飞行跳跃，等待鹊鸲喂食，展现了"鸠占鹊巢"式哺育场景。

周敬利　9月　摄于青年园

罗健　9月　摄于青年园

领雀嘴鹎

领雀嘴鹎，属于鹎科雀嘴鹎属鸟类，广泛分布于中国长江以南。其体型较白头鹎大，标志性的黑头绿身使其很好辨认，在湖溪河、喻家山均有机会见到。

马乐尧　10月　摄于喻家山

凤头鹰

　　凤头鹰，常见于喻家山凤飞台。其具6枚翼指，飞行时可见明显的白色尾下覆羽，巡视领地时常发出连续、尖锐的叫声。

　　凤头鹰是隼形目鹰科鹰属鸟类，体型大，具短羽冠。成年的雄鸟上体为灰褐色，两翼及尾具横斑；下体呈棕色，胸部具白色的纵纹；腹部及大腿为白色，具近黑色的粗横斑；颈部为白色，有近黑色的纵纹至喉，具两道黑色髭纹。飞行时，凤头鹰的两翼较同属鹰类短且圆。

寇阳波　10月　摄于喻家山

杨一平　10月　摄于喻家山

　　凤头鹰栖息于针阔混交林地、季风常绿阔叶林及马尾松林中，多单独活动，常长时间翱翔于空中，主要捕食蛙类、蜥蜴、鼠类及昆虫等，也吃鸟。

　　每年3到5月，它们开始繁殖，巢多营于林中小河或池塘边的高大乔木上，巢较大，由树枝构成，内垫树叶，每次产卵2~3枚。

杨一平　10月　摄于喻家山

红尾伯劳

　　红尾伯劳，常见于喻家山和青年园。它具有较细的黑色贯眼纹、红褐色腰部及尾羽，鸣叫声为干涩的"咋–咋–咋"声。

寇阳波　8月　摄于喻家山

Winter / 冬

鹤鹬

　　鹤鹬，鸻形目鹬科鹬属小型涉禽，常单独或成小群活动，在水岸上边走边觅食，也在齐腹深的水域涉水从水底取食，甚至倒扎入水中觅食。

陈凯舟　1月　摄于东九湖

灰喉山椒鸟

　　灰喉山椒鸟，雀形目山椒鸟科山椒鸟属，每年秋冬季会出现在喻家山上，常立于树梢之上，性格活跃，颜色艳丽。

张若愚　11月　摄于喻家山凤飞台

灰头鹀

　　灰头鹀，可偶见于喻家湖、东九湖畔的草灌丛中。冬季，它们以各种谷物、野生草籽等为食。

程伟　11月　摄于东九湖

黄雀

　　黄雀，多栖息于针阔混交林和针叶林中，以及杂木林和河漫滩的丛林中。其以多种植物的果实和种子为食，还吃少量的昆虫。

秦敬　1月　摄于青年园

燕雀

　　燕雀，是一种斑纹分明、身体壮实的鸟类，冬季常见于喻家山和东九湖周围，喜欢成群结队活动。

石奇霖　12月　摄于喻家山

黄腰柳莺

　　黄腰柳莺，背部为绿色，腰是黄色，有两道翼斑、顶冠纹和黄色眉纹，主要栖息于针叶林和针阔叶混交林，单独或成对活动在高大的树冠层中。此鸟天性活泼、行动敏捷，常在树顶枝叶间跳来跳去地寻觅食物，以昆虫为食，可见于校内树林及灌木丛中。

杨一平　11月　摄于喻家山

于露　11月　摄于武汉光电国家研究中心

陈凯舟　1月　摄于青年园

红嘴鸥

红嘴鸥，喙和脚为深红色，喜欢在湖泊、河口的滩涂上活动，喜吃水中的小鱼小虾。每年冬季，它们会集群飞到喻家湖活动，春季便陆续飞离。

钱向群　12月　摄于喻家湖

扫码观看"红嘴鸥捕食鱼"

秦敬 摄

陈凯舟　1月　摄于东九湖

钱向群　12月　摄于喻家湖

蓝翅希鹛

  蓝翅希鹛是画眉科、希鹛属的鸟类，常成对或成小群活动，多在乔木或矮树的枝叶间、林下灌木丛中活动和觅食，主要以白蜡虫、甲虫等为食。此鸟在喻家山、青年园曾出现过。

秦敬　1月　摄于青年园

红尾水鸲

　　红尾水鸲，体长约13cm，雄鸟通体暗蓝，雌鸟上体呈灰褐色，喜欢单独或成对活动，主要以昆虫为食。此鸟在喻家湖可见到。

周敬利　1月　摄于喻家湖

黑头蜡嘴雀

黑头蜡嘴雀栖息于平原和丘陵的溪边灌丛、草丛和次生林中，也见于山区的灌丛、常绿林和针阔混交林中。

黑头蜡嘴雀的食物随季节和地区而有较大不同。春季以叶芽、嫩叶等为食；夏季几乎专吃昆虫及其幼虫；秋季嗜食浆果和械树种子等。其易与黑尾蜡嘴雀混淆，常单独活动。此鸟在喻家山可见。

杨志锋　11月　摄于喻家山

白胸翡翠

　　白胸翡翠栖息于山地森林和山脚平原河流、湖泊岸边，也出现于池塘、水库、沼泽和稻田等水域岸边，有时也远离水域活动。

　　它主要以鱼、软体动物和水生昆虫为食，也吃蚱蜢、蝗虫等陆栖昆虫，以及蛙、蛇、鼠类等小型脊椎动物。此鸟在喻家湖、东九湖等处可见。

秦敬　11月　摄于喻家湖

扫码观看"白胸翡翠吃鱼和嬉戏"

秦敬 摄

图书在版编目(CIP)数据

四时鸟语/张晓东主编;宗雪,程伟,吴瑞芳副主编. — 武汉:华中科技大学出版社,
2024.4
(森林里的大学)
ISBN 978-7-5772-0668-4

Ⅰ.①四… Ⅱ.①张… ②宗… ③程… ④吴… Ⅲ.①华中科技大学-鸟类-介绍
Ⅳ.①Q959.708

中国国家版本馆CIP数据核字(2024)第061401号

四时鸟语
Sishi Niaoyu

张晓东　主编

宗雪　程伟　吴瑞芳　副主编

策划编辑:杨　静　饶　静
责任编辑:饶　静
封面设计:孙雅丽
责任校对:刘　竣
责任监印:朱　玢
出版发行:华中科技大学出版社(中国·武汉)　　电话:(027)81321913
　　　　　武汉市东湖新技术开发区华工科技园　　邮编:430223
录　　排:孙雅丽
印　　刷:武汉精一佳印刷有限公司
开　　本:710mm×1000mm　1/16
印　　张:13.5　插页:1
字　　数:231千字
版　　次:2024年4月第1版第1次印刷
定　　价:78.00元

观鸟小贴士

以鸟为先

无论是观鸟还是拍摄鸟，都要以尽量不影响鸟的正常活动为原则，避免造成对鸟的干扰。

（1）如果发现鸟有不安或者一些异常反应，要停止观鸟。

（2）不要影响鸟的行为，如驱赶或者使用诱饵影响鸟的行为。

（3）少用闪光灯。

（4）不要破坏观鸟地的自然环境。

（5）注意安全，不能单独行动，要结伴而行。

保护敏感地点

大多数鸟巢和稀有鸟种停栖的地点等都十分容易受到干扰，要特别留意。

（1）观鸟时保持适当距离，避免鸟受到惊吓。

（2）不要亲近鸟巢及其周围的植被，以免鸟弃巢或者招来鸟的天敌。

（3）尽量不要跟别人分享敏感地点的位置，也不要随便公开敏感地点的位置，要向不懂观鸟守则的人解释，以免给鸟类带来麻烦。

尊重他人

（1）避免干扰其他在场的观鸟者。

（2）不要破坏当地的设施和农作物。

观鸟要点

观鸟时，主要观羽毛颜色、飞行方式与时间，这将有助于

麻雀、喜鹊、白想要看得更清楚，除一动外，还需要望远距离。

双筒望远镜

双筒望远镜具有视野广等特点，适用的鸟，放大倍率以7～8表示放大倍数，代米处的鸟同不使用望察该鸟的效果是一样

刚开始不用买望几个月后还有兴趣，

穿什么衣服

鸟儿对移动的物容易惊动鸟并把鸟吓或者与环境颜色接近长裤。好的伪装能让离，多接近一厘米觉是非常美妙的！

察鸟的体形（大小、形状）、

、行为、鸣叫声、出现的地点

更深入地辨别鸟。

鹭，都是我们熟悉的鸟。如果

了肉眼细细观察身边鸟的一举

镜来帮助我们缩短与鸟的观察

操作方便、体积小、重量轻、

于观察活泼好动、生活在山林中

10倍最佳。常见标示如（8×42），

表用此望远镜观察距观鸟者80

远镜而直接在10米处用肉眼观

的。

远镜，费用也较高，若你观鸟

了决定再买。

体比较敏感，穿着鲜艳的服装

跑。因此，观鸟时尽量穿灰暗

的服装。在野外，最好穿长衣、

你与一些鸟有近到两三米的距

就能使人看得更清楚，这种感

我看到的是什么鸟

图鉴是用于识别鸟种的必备工具，如同一本辨识鸟类的字典，随身携带可随时查阅，增加观鸟的乐趣和功力。在每次观鸟的过程中，你可以在图鉴的鸟名旁写下第一次在野外与它相遇的时间、地点以及观鸟的美好回忆。图鉴选择可参考《中国鸟类野外手册》等书籍。

现在，手机里也有许多关于鸟类查询的APP，如中国野鸟速查、懂鸟等。利用手机查询鸟，可以使得认鸟更加方便、快捷。

记录

记录是必不可少的！

清晰、科学地记录，高效地认识事物，可以提高写作能力，使观鸟过程更有成就感。认真记录每次的观鸟情况，记录的内容包括 时间、地点、天气状况、以及鸟的种类、数量、活动环境（如灌木、水塘等）。

华中科技大学
校园鸟类生态全景呈现